儿童全学科知识漫画

化学变简单

危险的秘密颜料

巨英 著　绘时光 绘

浙江文艺出版社
Zhejiang Literature & Art Publishing House

图书在版编目(CIP)数据

化学变简单.危险的秘密颜料/巨英著；绘时光绘.—杭州：浙江文艺出版社，2024.4
ISBN 978-7-5339-7470-1

Ⅰ.①化… Ⅱ.①巨… ②绘… Ⅲ.①化学－儿童读物 Ⅳ.① 06-49

中国国家版本馆 CIP 数据核字 (2024) 第 021132 号

策划统筹	岳海菁 何晓博	特约策划	梁 策
责任编辑	岳海菁 何晓博	特约编辑	张凤桐
责任校对	萧 燕	漫画主笔	李集涛
责任印制	吴春娟	发行支持	邓 菲
装帧设计	果 子	特约美编	李宏艳
营销编辑	周 鑫 宋佳音		

化学变简单 危险的秘密颜料

巨英 著 绘时光 绘

出版发行 浙江文艺出版社
地 址 杭州市体育场路 347 号
邮 编 310006
电 话 0571-85176953（总编办）
0571-85152727（市场部）
制 版 沈阳绘时光文化传媒有限公司
印 刷 杭州长命印刷有限公司
开 本 710 毫米 ×1000 毫米 1/16
印 张 6.5
版 次 2024 年 4 月第 1 版
印 次 2024 年 4 月第 1 次印刷
书 号 ISBN 978-7-5339-7470-1
定 价 29.80 元

奥特

- **性别：** 男
- **年龄：** 10 岁
- **故乡：** 门捷列夫星球
- **特长：** 学富五车，无所不知，但却对地球上的生活常识一窍不通
- **性格：** 活泼，自信，好为人师，看见好吃的就会忘记全世界

他的故事： 奥特来自门捷列夫星球，那里的科技非常先进，门捷列夫星球人也和地球人略有不同，他们的身体里置有芯片，头上戴着天线，上知天文下知地理，无所不通。奥特在星际旅行中迷了路，偶然来到了地球，误入叮叮当当的家中，和他们成为好朋友，并长期居住下来。他们之间发生了很多搞笑的事情。

叮叮

■ 性别：男
■ 身份：当当的哥哥
■ 年龄：12 岁
■ 性格：捣蛋鬼，乐天派，
不懂装懂大王

他的故事：叮叮学习一般，懂的有限，但却总喜欢在人前假装知识渊博，因此经常弄巧成拙，不能自圆其说，或者被妹妹揭穿。但他脸皮厚，善于自我解嘲。虽然经常捉弄妹妹，但实际上却很爱她，当妹妹有危险时，会第一时间冲到她身边保护她。叮叮掌握了拿捏奥特的方法，那就是美食诱惑。

当当

- **性别**：女
- **身份**：叮叮的妹妹
- **年龄**：10 岁
- **性格**：疯丫头，小问号，
  小炮仗，糊涂蛋

她的故事：当当经常因为疯玩引来很多麻烦事。由于对什么都好奇，所以她会不断地提问，在探寻知识的过程中，又因为糊涂和冒失的性格总是把事情搞得一发不可收拾。但却具有锲而不舍的精神，会想方设法了解事物的真相。她总是和哥哥叮叮对着干，但又会因为比较糊涂，而忘记了正在吵架，最后不了了之。

老爸

- **年龄**：37 岁
- **职业**：程序员
- **性格**：任劳任怨的"老黄牛"，虽然看起来木讷老实，实际是全家的主心骨，关键时候特别理性和冷静。

他的故事：老爸在公司兢兢业业，在家里任劳任怨，大部分时候默不作声，对待孩子们也很温和。关键时候很有主意，有很多让人意想不到的技能。虽然是个"妻管严"，但是很爱自己的老婆和孩子们。

老妈

- **年龄**：35 岁
- **职业**：业务主管
- **性格**：爱美达人，天真善良，热心勤劳，是温柔如水还是暴跳如雷，全凭叮叮当当兄妹的表现。

她的故事：老妈是个美人，很有生活情调。她经常主动帮助需要帮助的人，有时候却弄巧成拙，把事情弄糟，令人尴尬。一般情况下她都很温柔，但被叮叮当当兄妹气坏了时，就会暴露出另一面。

目录

tài
钛
万能金属

老爸，你在干什么！电视都被你挡住啦！

坏了！错过最精彩的必杀技释放镜头了！

哇，结束了！

啊啊啊……居然没有看到……

太失望了……

刚才钻头小子那个绝招太精彩啦！

咦？老爸，你弄这么多油漆干什么？

我打算给屋子刷个新墙。

好刺眼！

是二氧化钛！钛是一种金属元素！都给我好好看大屏幕！

唔！

钛是一种银白色的金属，它的机械强度大约是铁的 2 倍，铝的 6 倍。它的英文名"Titanium"源于希腊神话的泰坦（Titans）神族。

钛的熔点很高，达到了 1670℃。

钛在海水中也难以生锈，稀硫酸、盐酸、潮湿的氯气和氯化物溶液都不能腐蚀它。

盐酸

稀硫酸

氯化物

但钛在干氯气中会发生剧烈的化学反应，如果氯气含水量低于 0.5%，就会和钛发生反应。

走开！

氯气

只要在白颜料里加点二氧化钛……

哇！白色变得好亮！

好漂亮的白色啊！

二氧化钛，也就是钛白，是性能良好的白色颜料。它的黏性很好，不易发生化学变化，而且只要1克，就能刷$450cm^2$的面积！

二氧化钛居然能做出这么好用的白色颜料！

不光能做颜料，它的作用可多着呢！

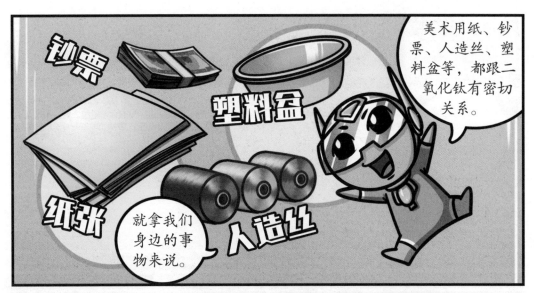

美术用纸、钞票、人造丝、塑料盆等，都跟二氧化钛有密切关系。

钞票

塑料盆

纸张

人造丝

就拿我们身边的事物来说。

二氧化钛加到纸里，纸会变白而且不透明。

它让塑料颜色变浅、让人造丝很光滑柔和。

二氧化钛还有一个很厉害的特性——光催化功能！

走，我带你们去看看！

铝虽然很轻，但是温度达到300℃以上就会发生变化，可超音速飞机飞起来，机翼温度会达到500℃左右！

钢铁机身虽然很结实，但是太重了！

嘻嘻！

飞得好快！

钛耐高温，也耐低温，还很轻，几乎不生锈，而且耐腐蚀。用钛合金造的飞机，不仅机身轻，节省燃料，而且使用寿命很长！

我也要换钛合金！

不仅在航空领域，在航天、化工、石油开采等领域，钛也能大显身手！

我被称为"现代金属""战略金属"！

你傻啊！早就飞得没影了！

好厉害啊，老哥，我们赶紧追上去再看看飞机吧！

还想看的话，咱们就去海上看看！

金刚不坏的"泰坦"

□ 原子序数：22

Ti

钛

■ **家族**：过渡金属元素

■ **常温状态**：固态

■ **颜色**：银白色

 好厉害的科学家

■ 1791 年，英国牧师兼矿物学家威廉·格雷戈尔初次发现了钛。

■ 1795 年，德国化学家克拉普罗特独立从匈牙利的金红石中得到了钛的氧化物，并借用希腊神话中的巨人"泰坦（Titans）"为其命名为"Titanium"。

■ 1910 年，美国化学家亨特用金属钠从四氯化钛中置换出纯度为 99.9% 的单质钛。

 好厉害的钛元素

防晒霜

钻头

人造髋关节

好厉害的小知识

液态钛几乎能溶解所有的金属，因此可以和多种金属形成合金。王水能把不锈钢变得面目全非，然而，它对钛却无可奈何。在王水中浸泡了几年的钛，依旧锃亮，光彩照人。

é

锇

金属界的"相扑运动员"

我以为你们在说四氧化锇！

奥特！你怎么又突然撞过来！

"四羊画鹅"是个什么东西？好奇怪啊……

我说的当然是化学元素啦！

仔细看好！

锇是自然界中密度最大的金属，相同体积前提下，它比铝重近10倍。

锇

锇的蒸汽有剧毒，会令人的眼睛受到刺激，严重时还会令双眼失明。

同时，锇也非常脆，只要轻轻一捣就会变成粉末。

锇的熔点高达3033℃，沸点在5008℃。

顺便提醒你们，锇是有毒的。

不用感谢我哦。

说了半天，跟我们的古诗比赛有什么关系！

疼！

疼！

好啦好啦，我带你们去看看锇的发现过程吧。

好啊好啊，这次我们去哪？

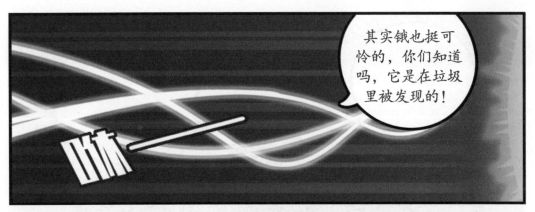

其实铱也挺可怜的，你们知道吗，它是在垃圾里被发现的！

哇哦！这么看巴黎圣母院真的好高好大啊！

1803年 法国

我们来法国干什么呢？

我们去实验室见证铱被发现的过程！

铱

这个溶液就是四氧化锇溶液。四氧化锇这种物质有剧毒，还有点臭……

没错，残渣中还发现铱！同时分解的溶液中有一股臭味！

四氧化锇

这么臭的液体不倒掉，留着能有什么用呢？

别看它臭，锇元素可就在你们身边呢！

叮叮的书包里就有，我找给你们看！

老哥，你怎么连被子都不叠啊！

知道啦……

喂！奥特，你别乱翻啊，到底要找什么啊？

咦？你平时用的钢笔去哪了？

钢笔这么重要的文具当然要好好保管啦。

看！钢笔里面就有铱！

因为铱是非常坚硬的，所以被用来做成钢笔尖，非常耐磨。

这样的钢笔尖即使写很多字，也几乎不会磨损！

吓

骗人！怎么可能不会磨损呢！

不会磨损，我们的钢笔为什么总是用着用着，笔尖就出问题了？

啊？这个……这个……

让我来扫描一下你们的钢笔。

真是的，又怎么了？

哈哈哈，原来如此。

亏我还这么爱惜……

锇很昂贵，所以，普通钢笔里是没有的，只有那种昂贵钢笔的笔尖，才是锇做的！你们用的这种就没那么结实啦。

好扫兴啊……

啊，对了，我记得老爸好像有一支高级钢笔！

元素界的"重量级选手"

□ 原子序数：76

Os

锇

■ 家族：过渡金属元素

■ 常温状态：固态

■ 颜色：灰蓝色

好厉害的科学家

■ 1803 年，法国化学家科勒德士戈蒂等人研究了铂族矿石溶于王水后的渣子，发现了两种新金属的存在。

■ 1804 年，法国化学家泰纳尔发现并命名了两种元素，其中一种是锇，元素符号定为 Os。

好厉害的锇元素

留声机唱针

指纹检测中的着色剂

钢笔尖

好厉害的小知识

锇是天然存在的所有元素中密度最大的。

锇可用来制作药物。锇在医学上的首次应用是在 1951 年，科学家用锇治疗关节炎症。

啦啦啦！

叮叮、当当你俩慢点走，离电影开始还早呢！

比电视大100倍的屏幕！

音效也特别震撼！

他俩说的电影到底是什么东西啊？

电影就像你爱吃的冰激凌，吃了还想吃，会上瘾！

这可是真正的铂金项链啊，你给 3000 元得了。

嗯？

要不是怕孩子饿肚子，我可舍不得 3000 元就卖掉这条铂金项链！

可不能让孩子挨饿啊。

虽然我不需要这条项链，但刚好有 3000 元现金……

要成功了！

等一下，妈妈！这不是铂金！

你胡说什么！我这可是正宗的铂金项链！

啊？！

跟个洋娃娃似的。

阿姨，您的小宝宝怎么一动不动啊？

那你说，我这条项链不是铂金的是什么的？

好可疑啊！

这是钌！1克100块钱左右，比铂金便宜多了！

因为稀有金属钌的价格是铂族金属里最便宜的，长得又和铂很近似，因此经常被拿来冒充铂。

啥？

铂！我明明看到你偷吃我们的布丁了！

钌是铂族元素中最后一个被发现的，铂被发现100多年后，它才被发现。

哼！倒数第一也是第一！

倒数第一

硫酸

盐酸

硝酸

钌的耐腐蚀性很强，几乎不受大部分物质的侵蚀。

哈哈，贝齐里乌斯先生回信了！

我的天哪！

先生，很遗憾！这里面只有一个新元素，其他的都是一些元素的混合物。

为什么没有新元素？难道是我搞错了？

来自权威的否决还真是残酷啊。

在当时，那也是没办法的事。

嘿嘿，不过也有敢和权威叫板的人！

1840年 喀山大学

经过四年的苦心研究，克劳斯同样发现了这个黑色渣滓，并认定是一种新的贵金属！

没错！这就是奥桑发现的"Ruthenium"！我也要写信给贝齐里乌斯。

但是又一次被贝齐里乌斯给否定了。

哼！我还就不信了！

不！这就是钌！我一定要证明！

克劳斯不但没有遭受打击，还更加苦心地研究，并再一次寄信给贝齐里乌斯！

来信？不是告诉他了，那些发现只是不纯的铱而已！

等等！这个数据是怎么回事？难道说……

Ruthenium
原子量：101.07
摩尔质量：101

克劳斯终于得出了钌元素的具体数据，并告知了贝齐里乌斯。

克劳斯先生，恭喜你发现了新元素钌！

终于成功了！

太好啦，这个发现真是太辛苦、太不容易了！

不光是学术成果，克劳斯坚持不懈的钻研精神同样打动了贝齐里乌斯。所以认定的事情，一定要坚持！

那这个钌有什么用呢？

走！我们再去美国看看！

2016年 南加利福尼亚大学

科研成果庆祝宴会正式开始！

研

下面，我们有请这次研究的最大功臣——化学家乔治·欧拉上台发言！

最重要的是，转化率高达79%！

伙伴们，我们成功地在空气中抓取二氧化碳，并直接转化为甲醇燃料啦！

太棒啦！

这些成果都基于一种叫作金属钌的催化剂。

79% 又能怎么样呢？这群人怎么那么兴奋。

不知道啊。

能源

亿万年

如果这种技术可以实现工业化运用，有了含钌催化剂，就可以省略掉这亿万年的过程！

一直以来，地球上的碳氢等元素存在于植物中要被深埋亿万年，才能变成能源。

不仅如此，含钌催化剂的使用，还为有机化学家设计合成路线提供了一个强有力的选择，更成为日后"绿色化学"的典范。

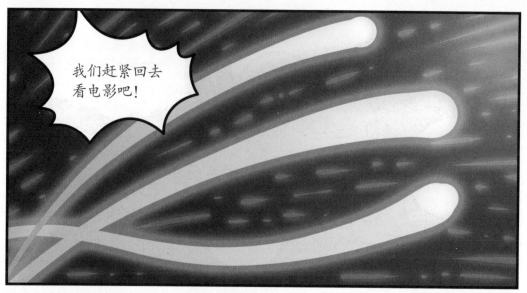

□ 原子序数：44

Ru

钌

■ 家族：过渡金属元素

■ 常温状态：固态

■ 颜色：银灰色

 好厉害的科学家

■ 1844 年，俄国科学家克劳斯肯定了在铂矿的残渣中有一种新金属存在，并给它命名为钌。

■ 1992 年，美国科学家罗伯特·格拉布斯发现一类钌金属催化剂可以催化烯烃复分解反应，并因此获得了 2005 年诺贝尔化学奖。

好厉害的钌元素

电路板

合金开关

太阳能电池板

 好厉害的小知识

　　钌元素的英文名称是"Ruthenium"，拉丁文中是俄罗斯的意思，元素符号为 Ru，英语中也是俄罗斯的简称。

　　地球上 90% 的钌都分布在俄罗斯、南非、北美洲和南美洲等地。

哇哦！故宫里的美景在这个网站上全部都能看到啊！

对了老爸，你不是说要带我们看故宫里的一个什么宝贝？

找到了，就是这幅《千里江山图》。

《千里江山图》是北宋天才画家王希孟18岁时完成的，是中国十大传世名画之一。

《千里江山图》

钴是一种
金属元素！

钴是一种硬而脆的金属，可磁化，不过温度升高到1150℃以上，它的磁性就会消失。

你不是磁铁，为啥有磁性？

钴是维生素 B_{12} 的组成部分，无机钴能促进红细胞的形成以及再生。

教堂彩色玻璃

唐三彩

莫奈的画

铝酸钴还可以做成美丽的蓝色颜料，被人们用在艺术品、彩色玻璃中。

制造锂电池需要大量的钴元素参与其中。

钴

钴

钴

钴

钴

钴

锂电池

钴的英文名称"Cobalt"来自德语单词Kobold，是"小恶魔"或者"坏妖精"的意思。

又是恶魔又是妖精的，这元素它很恐怖吗？

咻

走，追根溯源去！

这个谜团直到1780年才被瑞典化学家伯格曼解开——这些石头是钴化物，加热后会生成含有剧毒的硫砷化合物，并不是什么恶魔。

惨案？我不要看！

我要带你们去看看钴引发的其他惨案！

咕咚

啊？

16世纪威尼斯

不好意思，传送失误……

早在 1291 年，威尼斯共和国政府担心满是木屋的威尼斯城发生火灾，下令将威尼斯的所有玻璃厂迁往穆拉诺岛。

并且严加看守！

严禁登岛

嗷呜……

天哪，守得跟监狱一样紧，这是工厂吗？

毫不夸张，"商场"某种意义上就如同"战场"一样。

对了，我们去吃昨天老妈买的三个冰激凌吧。

冰激凌！

叮叮、当当，要不要跟我打个赌？

哦？

我能把画里的白雪变成青草地。

变不成，我就把我的冰激凌给你们。

嘿嘿！让画中的白雪变草地，怎么可能！奥特的冰激凌我们吃定了！

嘻嘻！

其实这个戏法的原理很简单。

16世纪，药物学家帕拉塞尔萨斯就玩过这种把戏了！在常温下用加入镍和铁的氯化钴溶液作的画，经过加热后，氯化钴就会变成绿色！

奥特！快还我冰激凌！

氯化钴是有毒物质，其实我只是用了热变色涂料而已。

从 "小恶魔" 到 "宝贝"

□ 原子序数：27

Co

钴

- **家族**：过渡金属元素
- **常温状态**：固态
- **颜色**：银白色

 **好厉害的科学家**

- 1735 年，瑞典化学家布兰特从辉钴矿中分离出钴。

- 1780 年，瑞典化学家伯格曼制得纯钴，并确定钴为金属元素。

- 1789 年，被誉为 "现代化学之父" 的法国化学家拉瓦锡首次把钴列入元素周期表中。

好厉害的钴元素

永久磁体

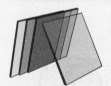
蓝色玻璃

喷气式发动机的涡轮

 好厉害的小知识

在我国古代，人们最先把钴的化合物作为陶器釉料使用，唐朝彩色瓷器上的蓝色是由钴的化合物形成的。在古希腊和古罗马，人们也利用钴的化合物制造美丽的深蓝色玻璃。2019 年，全球已探明的钴矿储量大约为 700 万吨。

这铑也太难冶炼了，半天都没变化！快，还有什么能烧的？

都烧没了……连衣服都让你给烧进去了……

铑的熔点高达1963℃，所以很少用来制作珠宝首饰。

这份奖励实在是太贵重了！

披头士乐队的保罗·麦卡特尼因为在音乐领域取得了非凡的成绩，被奖励了一张镀铑唱片。

而铑在探照灯上发挥的作用更大！怎么样，厉不厉害啊？

喂！别吃了！刚才有没有好好听我讲啊！

敌机被击退了！

哈哈！

打中了？能照得了那么准吗？

二战时，防空炮兵用两个探照灯，就能根据仰角计算出敌方轰炸机的真实高度，进行袭击。而且，探照灯的光也能对轰炸机形成干扰。

我的直径达到了一米五哦！

探照灯是镀铑的盘状凹面镜，铑的反射率非常高，所以，探照灯的有效照射距离可以达到45~56公里！

45~56公里！这照得也太远了吧！

铑的用处还有很多，它也是爱清洁的家伙！咱们瞧瞧去！

旧时的街道

我们来看看老式汽车！

老爷车

哇，第一次见老爷车，发动机的声音好奇怪啊。

咳咳！怎么这么大的黑烟啊！

哎呀！

没事没事！你们再仔细看看冒出来的烟。

真的！这尾气没有刚才那么黑了。

铑作为催化剂的活性成分，能让氮氧化物分解为氧气和氮气，这样，就能净化尾气啦！

氮氧化物

氧气

氮气

太了不起了，我得赶紧回去让老爸给车安装一个！

哈哈，在现代，每辆车里都已经安装啦！

原来如此！

等一下，叮叮！那辆是……

这辆车的尾气应该也是被净化过的吧！

烧柴油的拖拉机可没有装尾气净化器……

啊！又被熏黑了！

工业维生素

□ 原子序数：45

Rh

铑

- 家族：过渡金属元素
- 常温状态：固态
- 颜色：银白色

 好厉害的科学家

- 1803 年，英国化学家和物理学家威廉·海德·沃拉斯顿发现了元素铑。

- 1965 年，英国化学家杰弗里·威尔金森发现一种金属铑的络合物，也被称为威尔金森催化剂。

- 1968 年，美国孟山都公司的诺尔斯等人成功实现了用铑取代钴作为催化剂。

好厉害的铑元素

玻璃纤维

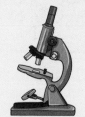

镀铑显微镜

汽车前照灯反射镜

 好厉害的小知识

　　即使一微米厚的铑薄膜也非常闪亮。铑曾是银的很好替代物，经常被用在饰品制作中，它能使廉价的珠宝显出更好的光泽。在工业领域里，铑通常作为添加元素使用，用来改善其他材料或金属材料性能，以增强其他材料或金属基材的特性，素有"工业维生素"之称。

yǒu

铕

稀土元素中的"叛徒"

没有动画片看了……

欧洲货币局发布的欧元草样有7张，面值分别为灰色5欧元、红色10欧元……

什么？钱还有灰色、红色，5块、10块的？

别掐我！

当然有啦，你是不是天天用手机支付用傻了！

哈哈，我回来啦！

叮叮、当当，看我手上拿的是什么！

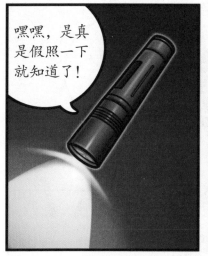

嘿嘿，是真是假照一下就知道了！

你们看！数字变成了深蓝色！

真的！这就是防伪标识啊？

这也太神奇了！奥特，这究竟是怎么做到的？

是铕啦。

就是，为什么能把钱照成蓝色呢？

是铕啦。

什么有啦没啦的！你倒是赶紧说啊！

奥特，你急死我啦！快说啊！

哎哟！

我说的是二阶铕，在荧光灯下就会变成蓝色或绿色，所以可以用作防伪材料。

铕的英文名"Europium"源于拉丁文，意为"欧洲"。

铕是一种稀土元素，但却和其他稀土元素的性情差得很远，它是稀土元素中最活泼的。

铕在室温下就会失去光泽，并被氧化成粉末，能和冷水剧烈反应生成氢气。

变氢气了……

不是提醒你别去洗澡吗！

嘿嘿嘿，我可是隐身达人……

最软

密度最小

最易挥发

铕是稀土元素中最软、密度最小和最易挥发的元素，反应活泼，所以在自然界中没有单质。

奥特！快告诉我们更多关于铕的知识吧！

哦！今天难得这么积极！

好！那就让我们先从电视开始看起！

看电视？

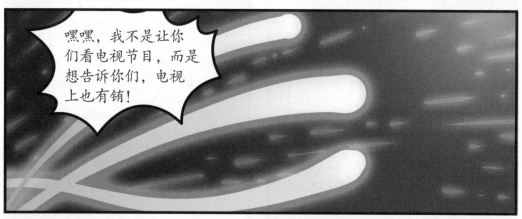

嘿嘿，我不是让你们看电视节目，而是想告诉你们，电视上也有铕！

哇！真的是彩色电视机！

多年前

老张家儿子有出息啊，挣钱买了一台彩色电视机！

我这辈子头一回看啊！

今天好像有戏曲节目！一会儿就看它了！

大家静一静，看电视前先听我这个村委主任讲两句。

咳咳，今天咱们村有了第一台彩色电视机，这是来之不易的……

我就先讲三个大点、六个小条、十个方面……

有什么好讲的！别挡着我们看电视！

让我说完……

哇！这就是彩色电视机的画面吗？

从彩色电视机里看唱戏跟看真的唱大戏一样，果然不同凡响啊！

我家灰乎乎的黑白电视机跟这真的没法比啊！

原来戏服是这个颜色的。

活了大半辈子啦，有幸能看上一眼彩色电视，太感动了。

奇怪，不过是看个电视而已，有必要感动得那么夸张吗？

在那个年代，能看电视都很难得，更别说是彩色的了。

老哥、奥特，我怎么感觉这个彩色电视画面怪怪的。

好像是呢，故宫的墙壁不是红色的吗？

好像是呢，电视里的红色背景怎么这么黄？

哈哈，因为虽然是彩色电视，但当时的显像管中的红色荧光粉质量不过关。

后来，科学家发现氧化钇能发出红色荧光，亮度高，很鲜艳！通过改进显像管，彩色电视画面效果更好了。

显像管

没想到这小小的钞票里还藏着这么多学问啊。

啊!

不许动!给我把钱交出来!

电视声音太大了吗?

吓死我了……

嘿嘿嘿……都给我老实点!

好啦,你们也看够了吧,把那张欧元还给我吧。

让我再多看一会儿,能多学习钷的知识!

啊?好、好……

就是!就是!

稀土元素中的"顽皮鬼"

□ 原子序数：63

Eu

铕

- 家族：稀土元素

- 常温状态：固态

- 颜色：铁灰色

 好厉害的科学家

- 19 世纪 80 年代末，英国化学家威廉·克鲁克斯在矿物中发现了一个新的光谱线，而这个光谱线被确定属于元素铕。

- 1901 年，法国化学家德马尔赛分离出一种特定的铕盐，他通常被认为是铕元素的真正发现者。

 好厉害的铕元素

彩色电视的荧光粉

有色镜片

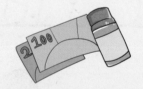

印刷钞票的防伪油墨

 好厉害的小知识

铕的许多化合物几乎都能在紫外光照射下发光并且聚集光能：将这些含铕化合物放在光下照射一段时间，能在黑暗中发光几个小时。这种特性可以制造成有色镜片、光学滤光片以及余辉激活剂等。世界上大部分的铕产自美国和中国，从氟碳铈矿中提取。